少年读典籍

呀！天工开物

〔明〕宋应星 著　　文小通 编著

文化发展出版社
Cultural Development Press
·北 京·

目录

乃粒
粮食从哪里来

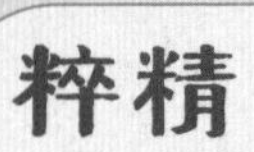

粹精
谷粒变变变

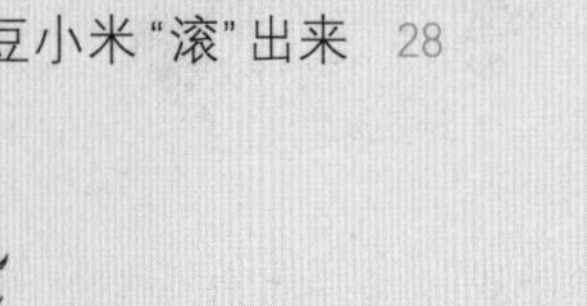

曲蘖
从米变成曲

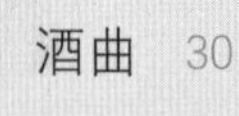

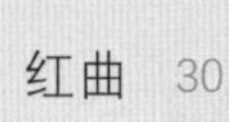

作咸
食盐从哪里来

甘嗜
甜味从哪里来

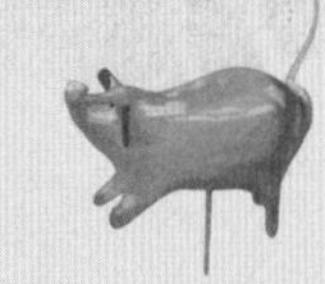

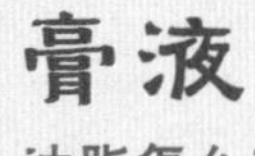

膏液
油脂怎么来

乃服
古人穿什么

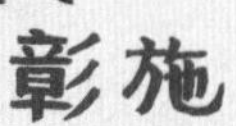

彰施
给衣服染色

丹青
画画的矿石颜料

陶埏

泥土做的宝贝

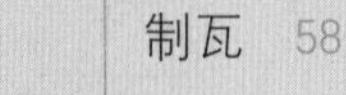

珠玉

美丽的矿物

杀青

用植物造纸

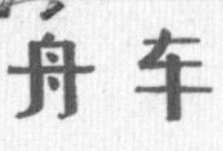

舟车

船和车的故事

燔石

燃烧的石头

五金

有趣的冶金术

冶铸

给金属“造型”

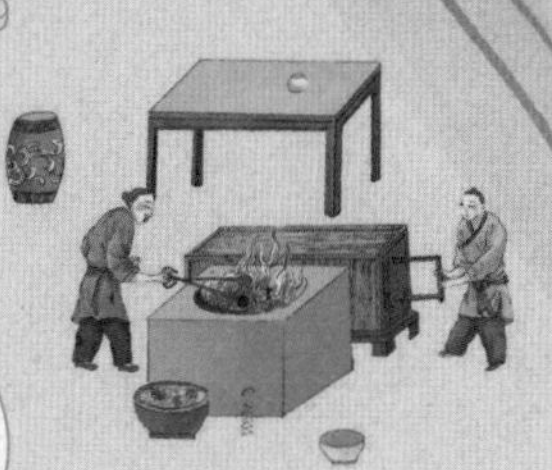

锤锻

敲打出来的工具

佳兵

上好的武器

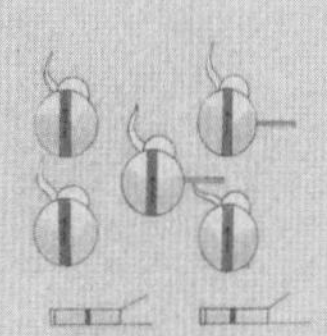

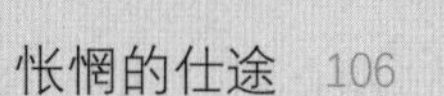

小小少年初长成

明朝的时候，在江西的一个县里，有一个小男孩，名叫宋应星。他的一个亲戚开办了家塾，他和哥哥宋应升就在家塾里读书。他们的族叔担任家塾的老师，要求他们每天晨课都要背熟七篇文章。一日，宋应星迟到了，在屋外听到哥哥正在背书，自己便一字一句记在心里。当族叔看到他，让他也背书时，他不慌不忙、流利地把书背了出来，这让族叔又惊讶又欣喜。

宋应星聪明伶俐，记忆力好，几岁就能作诗了。据说他还有过目不忘的本事，让老师和长辈们分外喜爱。宋应星有强烈的好奇心，一次，当哥哥宋应升带着他走过农田时，他看到耕牛拉着犁在耕地，就被犁吸引住了，认为犁很神奇；当他们走到河边，看到水车一圈圈转动，把水注入农田时，他又被吸引住了。

世界太有趣了，宋应星既惊讶，又兴奋，一颗好奇的种子深深地埋在了他的心里。

长大去科考

时光飞逝，宋应星慢慢长大了。他 15 岁时，已经博览群书，还熟读过李时珍的《本草纲目》。他听说宋朝人沈括写了一本很有价值的科学书籍《梦溪笔谈》，非常渴望一读，但当时人们注重考取功名的书，这类书很难买到。偶然间，他发现一个老人用《梦溪笔谈》的书页作为废纸包米粿，便讨要来半部残本，又费尽周折从纸浆店的水池中找到泡散的后半部，最终得到此书。这本书为他后来成为科学家打下了基础。

宋应星 29 岁时，和哥哥宋应升去参加科举考试，准备步入仕途。他们坐上船，沿着京杭大运河前往京城。古代交通不发达，他们好几个月后才进了京。进入考场之前，宋应星和其他考生一起先要排队，出示自己的证明文件，接受搜身检查，然后被分到一个单独的小屋子，以防作弊。宋应星虽然紧张，但还是十分自信，他奋笔疾书，下笔如有神。然而，榜单出来时，他和哥哥都落榜了。

《天工开物》

落榜并没有让宋应星和哥哥气馁，此后，他们继续参加考试。可是，他们考了好几次，都没有考中。不过，在每一次进京赶考的路上，宋应星都没有错过对各种知识的攫取。他经常走到田间地头，和当地人聊怎么种地；他还去各处作坊，了解很多手工业知识。后来，宋应星的哥哥被推荐到一个小地方做县令。宋应星生活拮据，他决定先谋个职位。于是，他来到一个叫分宜县的地方，做了一名教谕。

教谕是小官，负责管理县学、教导学生，薪水微薄，只能维持温饱，但空闲时间很多。宋应星便利用这些时间撰写了一部奇书《天工开物》。这是一部集几十年深入调查研究而完成的划时代著作，是中国第一部农业和手工业的百科全书，涉及了工业文明之前几乎所有的农业和手工业的生产技术、工艺流程等，并附有128幅插图，生动地描绘出一幅造物长卷，也给世界留下了一份丰富的图学遗产。

“天工”指大自然存在的物质；“开物”指人们利用大自然，用精巧的技艺创造万物。

种水稻

翻地

香喷喷的米饭来自水稻，那么，水稻是怎么来的呢？水稻是种植出来的。在种水稻之前，人们要先翻耕稻田，由水牛拉着一个大大的架子，架子上有一个小铲子一样的东西，叫耜（sì）。耜是个“狠角色”，能伸进土里，当水牛行走的时候，被水牛拉动的耜就自动翻土啦。

为什么要翻地呢？因为在上一年收获的稻田里，留下了许多稻茬儿，翻地能把稻茬儿埋进土里，稻茬儿腐烂后，就变成肥料了。

“梳”地

翻地后，还要劳驾牛拉一个有钉齿的矮木架，在地里来来回回地走，这个架子叫钉齿耙。田地被钉齿耙“梳”过一遍之后，就像舒筋活骨了一样，变得松松软软，土里的肥料更加均匀，之后就可以插上秧苗了。

除草

插秧后不久，小稻苗一点点长大，不过，杂草也会跟着一起长大。杂草是一群不友好的“小伙伴”，会和水稻争夺养分，这时候就需要人类出手了，他们要帮助水稻铲除杂草。人们除草的方式有多种，有一种是直接拔掉，还有一种是拄着一根木棍，用脚在稻田里踩来踩去，把杂草踩到湿泥里，让它们不能生长，这叫挞（tà）禾。

谁是稻田里最猖狂的杂草？稗（bài）子！稗子和稻子长得很像，不好分辨。因此，挞禾是讲技巧的，要能分清稻子和稗子才行。

怎么能分清稻子和稗子呢？稗子的叶子绿颜色很深，个头儿一般也比稻苗要高，而稻苗则是清新的绿色。人要一次次地弯腰辨认稻子和稗子，起起蹲蹲十分辛苦，手也因为不停地拔草而感到疼痛。

种小麦

翻土和施肥

热腾腾的白馒头和好吃的煎饼果子都是小麦磨成的面粉做成的。那么，小麦又是怎么种出来的呢？种小麦也是要翻土、施肥的。古代的肥料一般是腐烂的植物、枯饼，枯饼就是大豆、花生等榨油后剩下的成饼形的碎渣。不过，人们最常用的肥料还是粪水。

播种

翻过土、施过肥的土地准备好了，就等种子大驾光临了。可是，如果用手一把把地撒种，不仅会很慢，而且很累，于是人们发明了耧（lóu）车，可以一边耕地一边播种。

耧车非常简单，也非常神奇。它有一个木篓，叫耧斗，里面放种子；耧斗下有小孔，能往下漏种子。当牛拉着耧车在地里行走时，耧车下面的“小铲子”就开始翻地，耧斗一晃一晃，种子就掉进土里了。

给种子“盖被子”

种子入土后，还要给它们盖好“被子”。可以用脚把土踩实，也可以让牲畜拉着小石轮，把土轧严实了。有了“被子”，土壤得到保湿，种子就容易发芽了。

锄草

用宽面大锄锄草，要经过多次劳作，尽量把所有的杂草都锄掉，这样麦苗就能独享肥料等养分和阳光了。

麦地里有很多害虫，会啃噬麦子，所以还要防虫。

咕咚咕咚，禾苗在喝水

农作物喜欢喝水，需要经常灌溉，于是许多灌溉方式和工具被发明出来。

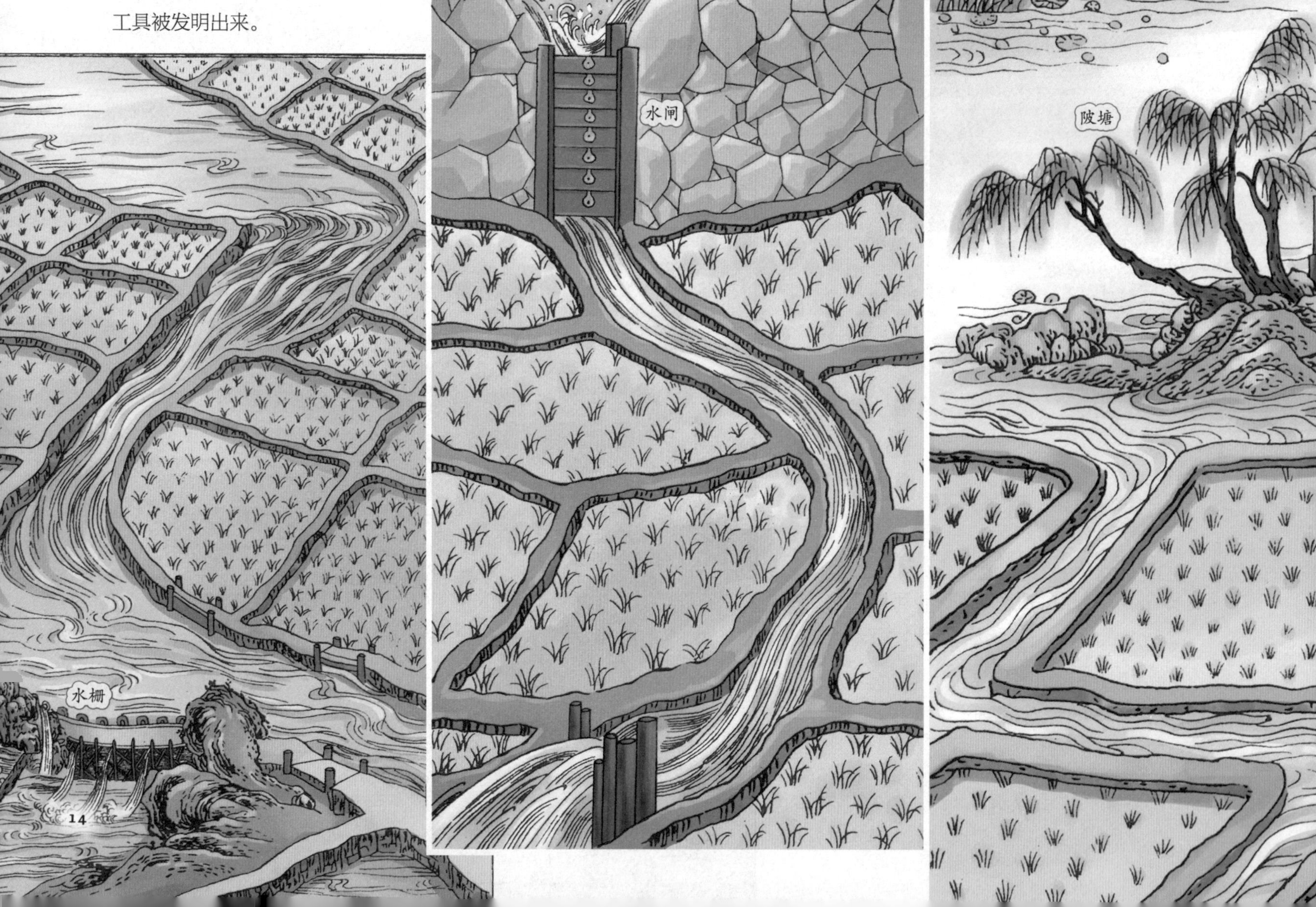

辘轳
戽斗

桔槔取水

农作物喜欢喝水，把井里的水提上来就需要用到桔槔（jié gāo）啦！桔槔长得像天平，人们在水井旁竖起木桩（或利用井旁的树木），木桩上架着一根横杆，横杆的一头绑着石头，另一头系着水桶，当水桶被放入井中打满水后，横杆另一头的大石头下坠，一起一落中，水就被提上来了。

桔槔能轻易提起石头和水桶，把水打上来，是应用了杠杆原理。只要找到正确的支点，用很小的力气也能撬动很重的东西。生活中的跷跷板也是利用了杠杆原理。

拔车汲水

桔槔让打水变得轻松，但一桶一桶地去灌溉还是很累，于是人们发明了拔车。拔车能在小水沟里使用，快速转动拔车的手柄，就能将水流引上来，一个人转动一天拔车，能灌溉多亩农田。

翻车汲水

靠近河边的农田可以使用翻车。有的翻车需要人力踩踏，有的要“请”牛来拉动水车，这样才能汲水灌溉地势较高的农田。两个人踩踏水车一天，能灌溉5亩田地，一头牛能浇10亩农田呢！

翻车是怎么把河里的水“吸”上来的呢？翻车也叫龙骨水车，内有一块龙骨连接成的串板，串板被分成一个个小格子。当转盘被人或牛拉动时，就会带动串板运动，让水灌满一个个格子，格子运动到顶上时，就把水倾入农田了。

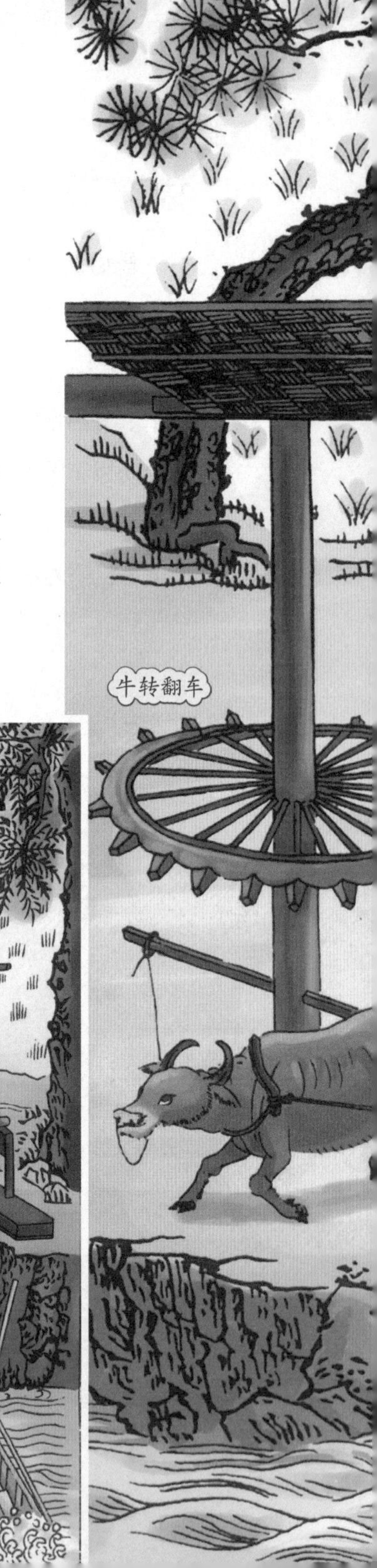

筒车汲水

筒车是灌溉高手，放在靠岸的湍急水流中。水流冲击筒车转动，水就会进入一排排的竹筒里，竹筒转动到上方时，竹筒里的水就倒进水槽里，去灌溉农田了。

筒车不用人或牛推动，依靠水力工作，是非常先进的。水流越湍急，筒车转动越快，灌溉的农田越多。

稻粒变大米

脱粒

水稻是怎么变成大米的呢？这就要给水稻进行加工了。不是整棵稻子都能吃的，而是要把稻穗上的谷粒取下来，谷粒里的才是米。如果地里的稻穗被雨淋湿了，人们会把木桶搬到稻田里，把稻子收割下来，手握稻秆在木桶上摔打，把谷粒打下来；如果稻子是干燥的，就把它们带回稻场，在石板上摔打，或者用牛拉着石磙碾压稻子脱粒。

牛拉石磙碾压稻谷脱粒虽然很轻松，但是容易压坏种子。需要留种子时，可在石板上摔打。

脱壳

脱粒后，谷粒还穿着一件硬硬的外壳，这是稻壳。只有去掉这层外壳，才能得到糙米，但它还不是真正的大米。人们用木砻（lóng）和土砻给谷粒脱去这层硬壳。

土砻一般用竹条编成，有两个砻，有竹齿，中间还压着黄土。谷物也依靠“牙齿”搅动脱壳。

木砻有上下两个磨盘，每个磨盘都凿出斜齿，把上边的磨盘中间挖空，放进稻谷，转动转轴，上下两个磨盘的“牙齿”就能给谷粒脱壳啦！

木砻

吹谷皮

脱壳后，糙米里掺着秕谷、米糠，还有很多外壳、野草、尘土等渣滓，这时可以把糙米装在风车的木斗里，摇动手柄后，“呼呼呼”的风就会把轻飘飘的稻壳和灰尘等吹出去了，糙米就从风车下面的出口掉进米筐里了。

糙米脱下来的壳，叫糠。

舂米

这时候的糙米仍然不够精细，还需要舂（chōng）捣。如果米少，可以放进石臼或木臼里，像玉兔捣药那样，用木杵反复舂捣。如果米多，就要依靠一件宝贝——碓（duì）。舂米后就可以去除糙米的外表部分，这时得到的就是洁白的大米粒了。

碓也利用了杠杆原理，脚踩碓杆的一端，松脚时，杵头就落在稻谷上。重复踩下去再松开的动作，杵头就一下一下地捣米了，这叫踏碓。

人力踏碓很费力气，于是人们发明了水碓。湍急的流水可以同时带动好几个杵头捣米。常用水碓的地方也有从不用砻脱壳的。

麦子变面粉

脱粒

小麦成熟收割后，怎么能把它变成面粉呢？想要得到白白的面粉，小麦也要像水稻一样先进行脱粒。脱粒后，去除不饱满的麦粒，并用水淘洗干净，还要在光照充足的地方晾晒。

磨面

把小麦变成面粉，还需要磨小麦。磨小麦的工具很多，有人力磨，也有牲畜拉的磨，还有以流水为动力的水磨。

用水磨磨面最快。水磨上悬挂一个漏斗形的袋子，把小麦倒进袋子里，麦粒就从袋子下方的小孔流进磨盘。水流推动着磨盘转动，小麦就被磨成了面粉。

筛面粉

磨盘磨好的面粉还有些粗糙，这就需要面罗登场啦！面罗的底用丝绢制成，只有足够细的面粉才能通过。把磨好的面粉倒进面罗，左右晃动，不够细的面粉就留在了丝绢上。

大豆小米“滚”出来

大豆“大变身”

平常吃的黄豆被“包扎”在一条一条豆荚里，想要吃到豆粒，就要“有请”连枷出场。先把豆株铺在地上晒干，然后挥动连枷拍打，豆子就从豆荚里滚出来了。再用风车吹掉里面的叶子等杂物，筛一筛，就可以啦！

和豆子们一样，芝麻也不需要“舂捣”和“碾磨”，而是晒干后拿着两捆互相击打，芝麻粒就能脱落。再用竹筛筛一下就可以了。筛豆子和芝麻的筛子比米筛子编得要细密，可见豆粒和芝麻粒很小，所以大家用“芝麻绿豆”来形容小事。

小米“大变身”

在北方，收割谷子后，人们会用大石墩给谷粒脱壳。石墩中间高，四周低，把谷穗铺在上面，两个人面对面交替着用石磙碾压谷穗。当有谷粒滚到边上时，就用小扫帚扫回来接着碾压，壳里的米粒就滚出来了。

谷粒脱壳后，还要用簸箕等工具，去除掺杂其间的杂物。

酒曲

麦曲

酿酒时，要用酒曲作为酒引子，酒曲一般用谷物做成。稻米、大麦和小麦都能做成酒曲。麦曲就是用麦粒做成的。炎炎夏日，到农地里把带皮的麦粒带回来，清洗、晒干。再把麦粒磨碎，加入淘麦水，做成一块一块的，然后用楮叶包起来，挂在通风的地方，或者用稻草覆盖好，过了49天麦曲就做好啦。

酒曲为什么会让酒味更香？因为酒曲里有很多微生物，微生物可以让淀粉变成糖，糖则分解成酒精，让酒变得甘香。

红曲

洗米

颜色鲜艳的红曲是用籼（xiān）米做成的。先把籼米舂捣细碎，再放到水里泡上7天。这时，它们的气味变得臭不可闻，要用流动的河水洗干净，这就是“长流漂米”。

鱼和肉都很容易腐烂，但只要薄薄地涂上一层红曲，即使在炎热的夏天，鱼和肉也能保鲜一阵子，而苍蝇等小虫都不会接近。

蒸米

洗完的稻米还会有臭味。这时，把米放到锅里蒸成饭，就能闻到四溢的香味了。蒸米时，先不要彻底蒸熟，蒸到半生半熟时，把米从锅里取出来，浇上凉水，等冷却后，再放进锅里蒸熟。

拌曲种

稻米蒸成熟米饭后，把曲种拌到米饭里面，再加入马蓼汁和明矾水搅拌，一直拌到饭凉。不久，饭的温度又会慢慢上升，这就是曲在“变魔术”呢。

通风

把饭拌好后，还要给它们透透气。将它们倒进箩筐，用明矾水浇一遍，然后分开装进竹盘里，放到架子上通风。通风时，每隔两个小时要搅拌 3 次。过一两天后，曲饭会由初时的雪白色变成黑色。之后，曲饭慢慢变成褐色、红褐色、红色，这就是红曲了。红曲过了最红的时候，还会变成浅黄色，这叫“生黄曲”。

生黄曲时，需要有人连续 7 天都守在架子旁，哪怕半夜也要搅拌曲饭。

海盐

晒盐

饭菜吃起来有咸味是因为放了盐，这些盐大多来自海洋。想要从海水里得到盐，需要先把海水引到一个池子里，然后让阳光暴晒，当水分蒸发后，人们就得到结晶的盐了。

“种”盐

盐也可以“种”出来。如果预测到第二天是好天气，就在海边的高地上撒稻秆灰和麦秆灰。第二天清晨，在蒙蒙的水雾中，凝结好的盐就“种”在了灰层上。等天晴后，把盐、灰扫到一块儿，作为盐料。

给盐“洗澡”

扫起来的盐里，掺杂灰尘杂物，这时要给盐洗个澡。在海边挖一深一浅两个坑，浅坑上面搭一个架子，铺上芦席，把盐堆在席子上。然后，用海水冲刷盐堆，盐水透过席子流入浅坑，最后流入深坑，就得到了干净的盐水。

煎盐

盐水怎么能变成盐呢？这就要依靠牢盆了。把盐水倒进牢盆，把牢盆底下的十几个灶台一起生火，等盐水煮沸时，加入混合了米糠的碎皂角，等水分蒸发完，留下凝结的白色固体，就是盐了。

牢盆有竹子做的，也有铁做的。铁牢盆用一块块铁皮制成，铁皮之间用铁钉固定。煎盐时，铁皮之间的缝隙会被结晶的盐堵塞，使牢盆牢不可破。

皂角是皂荚的种子，遇水产生泡沫，可以让盐的小晶粒凝聚起来。

把盐池里剩下的盐卤倒进豆浆里，能把豆浆变成豆腐和豆腐脑。

收藏

盐水变成盐后，就可以被称量、收藏起来了。很多人会用船装运，把它们卖到各个地方。

池盐

咸水湖制盐

远离大海边的人，怎么得到盐呢？这就离不开池盐啦！先挖一个大池子，然后把湖水引入池子里。在池子旁边再挖一条条浅沟，把池子里的湖水引到沟里，接下来就要把一切交给大风和太阳啦！如果日光充足、风比较大，沟里的水一个晚上就能凝结成盐。凝结好的盐，扫起来就能吃了。

所有的湖水都能用来制盐吗？当然不是啦，多数湖水是可以直接喝的淡水，只有不能喝的咸水才可以制盐。

池盐和海盐有什么区别呢？海盐比池盐更细碎，池盐的颗粒比较大，所以池盐也有“大盐”的称号。

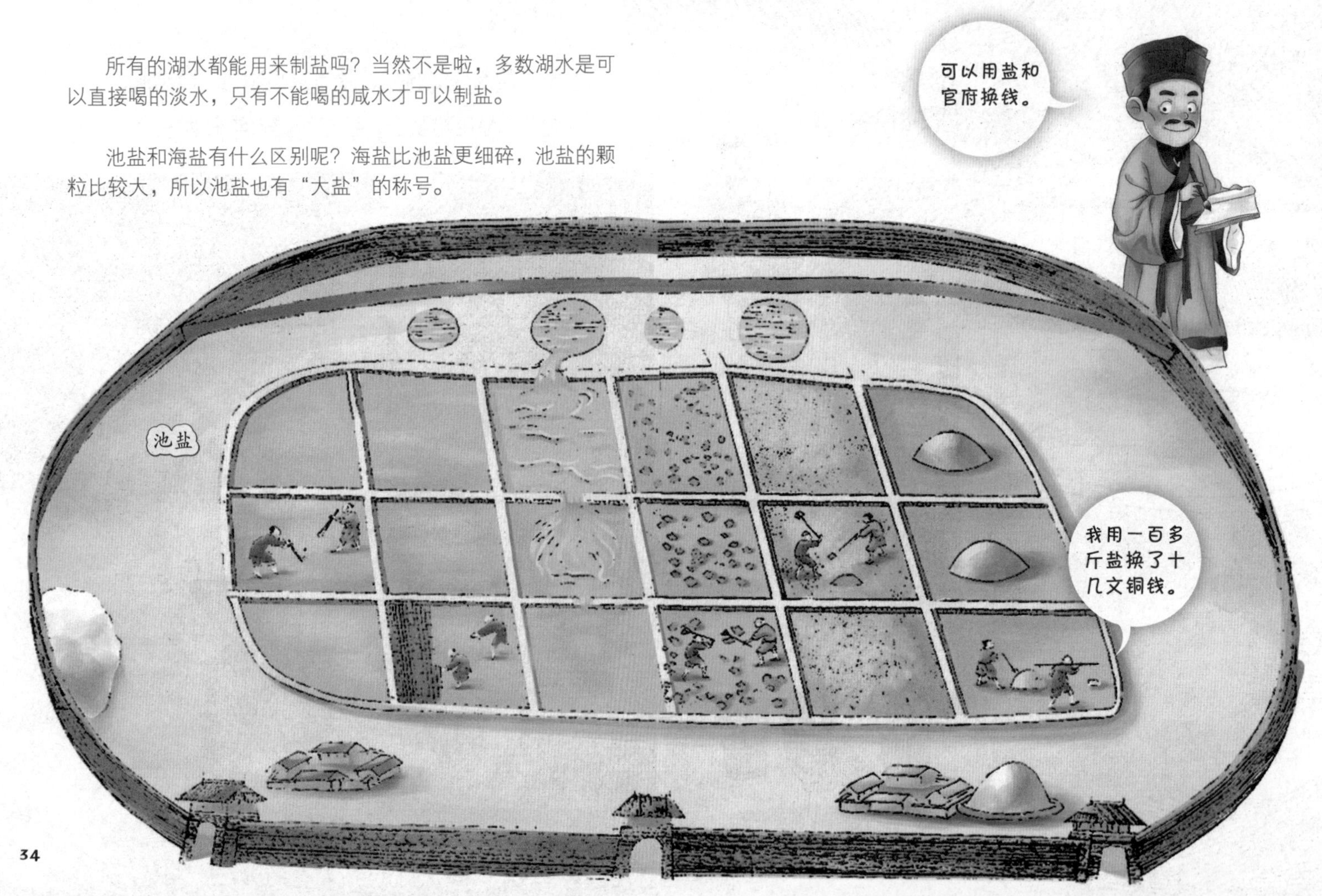

井盐

又深又细的井

在远离海边又没有咸水湖的地方，人们怎么获取盐呢？不要担心，人们早就发现地下有盐了，所以造盐井取盐。在地势很高、离河水不远的地方，挖一口深深的井，有的井能达到现在 10 层楼那么高，不然就无法抵达含盐的卤水层。盐井虽然很深，但是口径却小小的，拿一个小盆就能盖住。这是因为一旦井口过大，卤气就会散开，无法凝结成盐。

开井口

艰难的开凿

要凿很深的井非常艰难，需花费很长时间，人们制作出尖端坚固锋利的铁锥，才能在石山上一点点冲凿成孔。锥身用破成两半的竹片夹住，再用绳子缠紧。打一口深井至少要用半年时间。四川人发明了卓筒井，用钻头冲击的方式舂碎石头，使盐井开凿变得容易多了。

卓筒井发明于北宋年间，有的井口只有竹筒大小，深几十丈，开创了人类机械钻井的先河，比西方早 800 多年，是世界钻井史上的里程碑，被誉为“中国古代第五大发明”“世界石油钻井之父”。

竹竿取水

从盐井取水，需要竹竿大显身手。人们把带着吸水阀门的竹筒放进井里，再让牛拉动转盘，就把地下水提上来了。

竹竿是怎么取到水的？竹竿内的节被打通，只保留最下面一节，并装上阀门。竹竿伸进水里，水压会“顶”开阀门，使地下水涌进竹筒；把竹竿提起来时，阀门关闭，就能取到水了。这是世界上最早的单向阀门。

神奇的火井

四川有一种火井，井中只见有冷水，并无火。把竹筒的竹节去掉，用漆布包好。竹筒的一头插入井中，另一头连接一个弯曲的管子。曲管口对着地面一口锅的锅底，在锅里倒入盐水，就能看到熊熊烈火把卤水烧开了。得到盐粒后，就可以装船运走了。

火井其实是天然气井，古人虽然不知道“天然气”这个词，但是已经能利用天然气了。

白糖

榨甘蔗汁

想吃甜甜的糖，就需要甘蔗出力啦！准备一辆糖车，糖车下面有两个大辊（gǔn）子挨得非常近。当牛拉着弯曲的长轴一圈圈走动时，就会带动着两个大辊子滚动。这时，把甘蔗放进两个辊子中间，甘蔗就会被辊子压榨，流出了甜甜的汁水。在糖车的下面，还有一个收集甘蔗汁的水槽，通过它能把汁水导入糖桶。

粗一些的甘蔗可以直接吃，细长一些的青皮甘蔗不适合直接吃，皮硬易划破唇舌，一般用来制糖。

熬糖浆

把甘蔗汁变成糖浆还需要煮一煮。人们会在甘蔗汁中加入石灰，然后架起三口铁锅，把甘蔗汁倒入一口铁锅中熬煮。在熬制过程中，要不断地从前一口锅中舀出甘蔗汁，倒入后面的锅中，一直到水分蒸发干净，第三口锅中就会出现浓浓的糖浆了。

石灰是碱性的，可以使糖浆黏结在一起，成为糖浆。

凝糖膏

想要得到白糖，先要凝糖膏。熬制时，注意看甘蔗汁沸腾时的水花。如果小水花咕嘟嘟往上冒，摸一摸感觉粘手，就说明熬好啦。把它们盛出来，让糖浆冷却，就成了黑色的糖膏。

黑糖洗白

怎么把黑色的糖膏变成白糖呢？这就要看瓦溜的本事了。瓦溜像一个漏斗，下面有一个小孔。用草把小孔堵住，把糖膏倒进去，等它凝固后，去除小孔中的草，用黄泥水从上往下浇，黑色的渣子流进缸里，瓦溜里面剩下的就是白糖了。

把白糖熬化，用鸡蛋清澄清浮渣后，插入小竹片放置一夜，就能得到结块的冰糖。如果把糖汁倒进糖模里，还能做出野猪、大象、狮子形的兽糖。

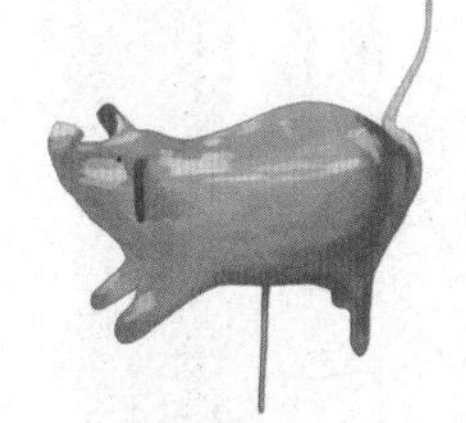

把稻子和麦子一类的谷物泡发，晒干后发芽，就能做出好吃的饴糖。这种糖含在嘴里就化，古人用成语“含饴弄孙”表达对甜美生活的向往。

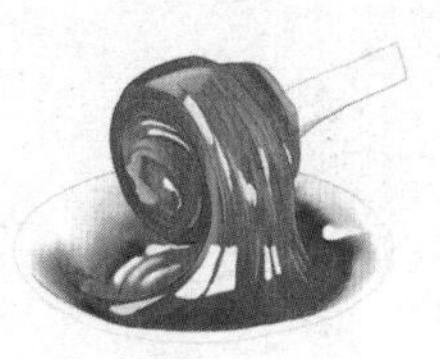

榨油

油从哪里来

用油炒菜，饭菜香喷喷的。那么，油来自哪里呢？它们其实来自植物的果实，如油菜籽、芝麻等。

炒和蒸

把含油脂的植物果实放进锅里，用小火翻炒，炒出香气后，捞出来碾碎。再把它们放进锅里去蒸，蒸好后，用麦秆或稻秆把它们包裹成厚厚的油饼，再用铁丝或竹片扎紧。

榨油水

榨油前，要挑选一根大木头，把木头中间掏空。油饼被包裹好后，放入被掏空的木头中。木头中空部分的底下挖有小槽，槽下放着接油的容器。几个人推动一根撞木去撞击木头，油饼就会被压榨出油，顺着小槽流进了容器里。这样就得到油啦！

榨具一般用没有竖纹的樟木来做，如果用其他树木，在撞击榨油时可能会裂开。

蜡烛和油灯

蒸乌桕子

照明用的蜡烛是怎么来的呢？它来自乌桕（jiù）子！乌桕子是高大的乔木乌桕的种子，种子的外皮有一层油脂，把这层油脂提取出来，可以用来制作蜡烛或肥皂。不过，要想得到油脂，先要把乌桕子蒸熟。

舂捣

乌桕子蒸熟后，它外面的油脂层比较“倔强”，需要用碓来舂捣，才能使油脂层的油脂彻底脱落下来。把脱壳的乌桕子收集起来，筛一筛，去除外壳等杂质，再蒸一次，就可以放进榨具榨取清油了。

做油灯

脱去“外衣”的乌桕子，会显露出里面的黑籽。把这种黑籽放进磨里碾压，能得到白色的仁。把白色的仁碾碎后蒸熟，再包裹好，用榨具榨取，就会流出清亮的水油，有了水油就能做油灯了。

想让水油照明，还需要灯芯草的配合。把灯芯草的茎秆晾干，取出白色髓心做灯芯。把灯芯的一头浸在水油里，另一头露出来用于点燃。一根灯芯草能照明一整晚。

做蜡烛

把苦竹截成一节节的竹筒，竖着劈成两半，放进锅里去煮。竹筒煮胀后，再把两片竹筒合起来，用小竹片捆绑固定好。把榨好的乌桕子清油灌进竹筒，插上烛芯，静静等待清油凝固。之后，取下小竹片，拆开竹筒，一支蜡烛就做好啦。

为什么要把竹筒煮胀呢？古人觉得如果不煮胀，在制作蜡烛时，蜡烛和竹筒就会粘在一起。

制作蜡烛还有一种方法，把小木棒削成蜡烛形，用纸卷木棒，再取出木棒，得到一个空纸筒。把清油灌进纸筒，凝固后就是蜡烛了。

丝绸

一根丝的由来

以前，帝王穿富丽堂皇的衣服，百姓穿粗制的短衣和毛布，冬天用来御寒，夏天用来遮掩身体。人们穿的衣服的原料，有的来自植物，如棉、麻、葛等；有的来自禽兽和昆虫，如裘皮、毛、丝等。现在，巧妙如天仙那样的纺织技术已经传遍世间，人们用原料纺出有花纹的布，又经过刺绣、染色，造就了华美的锦缎。然而，真正知道一根丝线是怎么来的人又有几个呢？真正见识过花机巧妙的人又有几个呢？现在来认真看一看吧。

养蚕

丝绸来自蚕吐的丝，想得到丝绸先要养蚕。养蚕先从蚕种开始，直到孵出蚕宝宝，等蚕长大后就能吐丝了。蚕喜欢在暖和的地方吐丝，用薄竹片编一个竹席，竹席上放用稻秆或麦秆拧成的小山。把竹席固定在木架上，在木架下点几盆炭火，住在“山”上的蚕感觉到暖暖的，就会吐丝了。

有些地方的人会浸浴蚕种，有的用石灰浴，有的用盐水浴。然后捞起来，用微火烤干水分，不让蚕种受风寒湿气，等到清明节时再取出蚕卵，进行孵化。

还有一种天露浴，就是把蚕种放在屋顶的竹簸盘上，任凭风霜雨雪，放够 12 天左右再收起来，这种方法大概是为了剔除孱弱的蚕种（熬不过风霜雨雪死掉了）。

装蚕种的木框，是用四根竹竿或者木棍做成的方架子，把架子放在避风避光的地方，可以挂起来。

清明节之后，蚕卵感觉到了暖意，蚕就会自然地出生了。蚕室最好不要透风，屋顶上最好装上天花板。喂养蚕宝宝时，可以把桑叶切成细细的小条。

箔指蚕箔，一般用竹篾编成，是高约1.5米的架子，架子有分层，每层都有一定的空间，便于蚕结茧。

蚕宝宝慢慢长大后，就要分开“住”，因为如果蚕太多，残叶和蚕粪也会堆积很多，使空间变得湿热，有时还会把蚕压死。等到天气十分炎热，如果不把蚕箔搬到宽敞凉爽的室内，更容易发生意外。“分住”后的蚕会慢慢找到自己的位置，开始吐丝把自己包裹住。

炙箔

如果到了梅雨时节，可以用炭火烘烤蚕箔，避免蚕箔变得潮湿，使蚕生病。用炭火炙烤蚕箔还能杀灭细菌，加快蚕吐丝，也使丝的质量更好。

蚕很娇弱，既怕香味，又怕臭味，香炉里的香味飘过来，也会把蚕熏死。哪怕隔壁煎咸鱼的气味传过来，也会熏死蚕。所以，在炙箔时，不要在炉中加沉香、檀香之类的香料。

蚕结茧后，如果在不通风、不透气的地方，就容易朽烂。可以用火盆烘暖室内，上面要通风，使蚕吐出的丝是干燥的，能经久不坏。

把蚕茧从蚕箔上拿下来，去掉浮丝，摊在大盘子里，放在架子上，准备缫丝或者造丝绵。但不是所有的茧都能缫丝，要选择圆滑端正的单茧，这样缫出来的丝就不会乱。

理丝

蚕结好茧，三天后，就可以取到蚕丝了。把蚕茧放进开水锅里，当水沸腾时，用竹签拨动水面，绪丝就出现了。把绪丝穿过针眼，接下来就交给缫（sāo）丝机了，缫丝机能通过送丝杆，把丝线缠绕在大关车上。

在大关车附近，准备几个炭火盆，当大关车旋转时，就能把丝线烘干。如果是有风的晴天，就不需要火盆了。

绕丝

在光线明亮的屋檐下，把成捆的丝线，套在一个由四根竹竿组成的架子上，架子的上方有一个铁钉固定的小竹竿，竹竿上挂着半月形的挂钩。扯出丝线，让丝线绕过小钩子，再拉下来绕在手里的绕丝棒上就可以了。

小竹竿的一头，垂着一块小石头。在连接断丝的时候，一拉小绳，小钩子就落下来了。

牵经线

绕好丝线后，就可以牵经卷纬啦！经线的丝用得比较少，在一根竹竿上钻许多个小洞，把它高高地横架在柱子上。用薄竹片弯成很多个竹环，穿在竹竿上，一根丝线穿过一个竹环后，再穿过一个掌扇，最后缠绕在经架和纬架上。

卷纬线

纬线的丝用得比较多，取几个缠好的卷丝棒，先用水淋湿，然后摇动卷纬车，把丝线绕到小竹管上，就能纺成纬线了。

丝织品织成后，还是生丝，要经过煮练才能成为熟丝。生丝染色后容易脱色，熟丝染色不易脱色、变色，色彩还很均匀。熟丝可以做衣服、被褥。

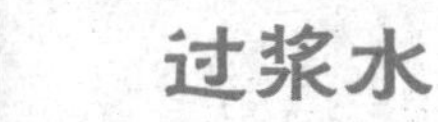

过浆水

如果想把蚕丝织成纱或者罗，还要把丝用面粉调的浆水过一遍。把浆丝的浆料藏在分丝扣上，丝线经过时就被浆浸透了。

有的丝在染色后，失去了本来的特性，要用牛皮胶水过一遍，这样的织品叫“清胶纱”。

提花机

全素的丝绸不够漂亮，要在上面点缀一些花纹，这就需要提花机了。提花机是个大家伙，差不多有 5 米多长，花楼高高耸起，中间托着的是衢（qú）盘，下面垂着的是衢脚。在花楼的正下方，还挖有 60 多厘米深的坑，用来放衢脚。操作提花机的人就坐在最高处花楼的架子上。

小织机

绢、绸、纱等丝织物比较轻薄，就不用劳驾提花机了，可以使用体形小一些的小织机。织匠们在腰间绑一块熟皮当作靠背，操作时要靠臀部和腰部的力气，所以，小织机也叫腰机。

腰机可以织葛、苎麻和棉布，织出来的布匹整齐结实，有光泽。

棉花

摘棉花

棉布可以用来御寒。春天种下的棉花，秋天会结出果实——棉桃。把裂开吐絮的棉桃摘下来，就能进行加工了。

有棉花就可以做棉衣棉被了。

没有棉花时的日子真不敢想象。

去棉籽

刚摘下来的棉花，棉籽和棉絮粘在一起，要用工具将棉花里的棉籽挤出去。

弹棉花

去籽后，还要把棉花变得更加松松软软。用牛筋和木头做的弹弓，去弹击棉花，可以把棉花弹得很蓬松，得到棉絮。

纺棉纱

棉絮怎么能变成棉布呢？把弹好的棉花在木板上搓成长条，然后用纺车纺成棉纱，就能得到棉布啦！

棉布的纱纺得紧密，棉布就会结实耐用；如果纺得松，棉布就不结实了。

染色

红色·红花

衣服色彩鲜艳，这主要是染色的功劳。红色的染料主要是从红花里提取。夏天时，鲜艳的红花开了，把花采摘下来先捣烂；用水洗一遍，装进布袋子里，拧去黄色的汁液；再次捣烂，用发酵的淘米水洗一下；把捣烂的红花装进布袋，拧去汁液后，用青蒿盖一个晚上，第二天把红花泥捏成饼的形状；把花饼用乌梅水煎煮，再用碱水澄清几次，就变成鲜艳的红色染料了。

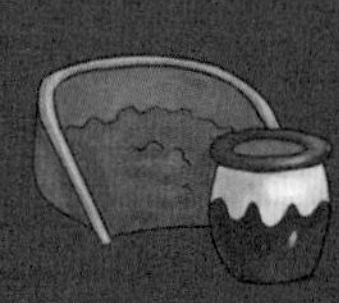

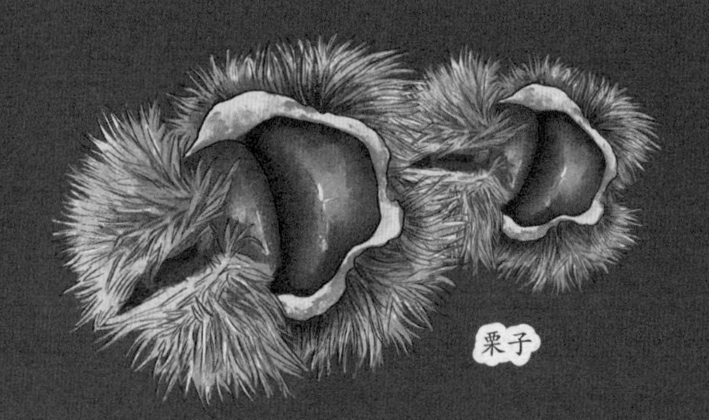

包头青色·栗子壳

把栗子壳或莲子壳熬煮一天，捞出来沥干水分，和铁砂、皂矾放进锅里一起煮，就能拥有包头巾用的青色这种颜色的染料了。

绿色 · 槐花

槐树的花刚长出来、还没开放时，叫槐蕊，它就是绿色颜料的来源之一。把竹筐成排地放在槐树下，然后把树上的槐蕊打下来，并收集起来。用沸水把槐蕊煮好，捞出滤干后，捏成花饼放起来，随时可以用来染色。

如果想得到油绿色的布料，可以把布料先用槐花稍微染一下，再用青矾水染一下就可以了。

褐色 · 莲子壳

褐色的染料来源于莲子壳，想不到吧？把布料先用苏木水微微染一下，再用莲子壳煮水染色，然后加上青矾水，就得到了褐色的布料。

蓝色 · 茶蓝

冬天时，收割好茶蓝，把叶子摘下来放进桶里，用水浸泡几天，加入石灰搅拌，就会凝出蓝靛。把水静静放一段时间，蓝靛就沉在下面了。用蓝靛染蓝色是人们常用的方法。

把布料打结或捆绑，放进染缸中浸泡一天。然后拆开打结的布料，没被染料浸到的地方就呈现出奇特的图案，这就是扎染。

朱砂

头朱

从大自然中，人们提取了很多颜料，用来写字、画画。红色的颜料主要来源于朱砂。朱砂是一种矿石，开采出来后，放在铁槽里碾碎，再用清水浸泡，沉淀的物质晒干后，被称为头朱。

研磨朱砂

朱砂矿石深埋在地下，一般要挖30多米深才能找到。最先挖到的矿苗是一堆白石，叫朱砂床，朱砂就在这些朱砂床上。

水银

用水把朱砂和成泥，搓成条，放进锅里去烧。锅的上面倒扣着一口锅，衔接的地方糊上盐泥。上面的锅留一个小孔，小孔连接一个弯曲的小管子，管子伸进装着水的罐子里。烧 10 个小时左右，朱砂会变成水银，布满整个锅壁。

水银变朱砂

变成水银的朱砂，还能再“变回去”。加入硫黄，搅拌研磨，使其成为青黑色，然后装进罐子，烧火加热，水银就会变成银朱，凝结在罐子壁上。取下银朱，就可以作画了。

墨

松烟入墨

在古代，大多数的墨都是松木燃烧后的灰做成的，这种墨很便宜。在燃烧松木的时候，先用竹片搭一个细长的“小房子”，就像小船的遮雨棚。“小房子”的内外口用纸和草席遮盖严实，每隔一段距离，要留一个烟孔。把松木截成几段放进“小房子”，烧几天后，火熄灭了，把松烟扫起来，就能使用了。

在松树接近根部的地方挖一个小洞，把油灯放到洞口旁燃烧。松树里的松脂受热了，就会流出来。松脂流得越干净，松树树干燃烧后做成的墨就越纯净。

徽墨

徽墨是用桐油烧成的灰做的墨，比较昂贵。用这种墨在纸上写字，阳光下会显示出华丽的黑色。

制瓦

和泥

古时候的很多房屋屋顶都要铺上瓦片，瓦片是黏土“变”的。黏土不能直接拿来用，需要先和泥，也就是用水和好黏土，然后踩成熟泥，堆成泥堆，就和好了。

黏土黏而不散、细腻不含沙，适合制作砖瓦，它还有多种颜色。

贴黏土

接下来就需要模具登场了。找一个圆桶，在圆桶的外壁上画四条等分线。用铁丝刮泥堆，刮成一厘米厚的泥片，然后把泥片贴在圆桶上，制成瓦坯。

揭模具

等黏土稍微干一些，顺着圆桶外壁的四条等分线，瓦坯就裂成了四块。把瓦坯放在窑里面烧制，就能得到瓦片了。

皇家宫殿用的瓦多为琉璃瓦，这种瓦在烧制后，要上釉，再用温度较低的窑接着烧，就得到流光溢彩的琉璃瓦了。

制砖

制砖坯

砖的制作也离不开黏土。在黏土中加入水，让牛在黏土上反反复复地踩踏，直到把黏土踩成泥。再把黏稠的泥放进木框里填满，用弓弦把木框的表面削平，取下木框后，平整的砖坯就做成了。

煤窑烧砖

如果想拥有浅白色的砖，就需要用到煤窑了。比起柴窑，煤窑高多了，仿佛是巨人。人们把煤炭做成圆饼形，然后放一层煤饼放一层砖，这样层层摞起来，最下面则垫着芦苇和柴草，就可以点火烧煤窑了。

柴窑烧砖

砖坯需要专门的砖窑烧制，如果想得到青黑色的砖，就有请柴窑出场。柴窑的窑顶有一个平台，用于浇水转釉，偏侧还有三个冒烟的小孔。砖烧好后，就用泥把这三个小孔堵住，然后从窑顶灌水，水和火相互配合，窑中坚实耐用的青砖就烧制成了。

陶器

做陶坯

陶器也是泥做的，这种泥被称为陶土。把陶土放在陶车的转盘上，转盘转动时，用手往下按陶土，就能让瓶子变得矮矮的，往上拉陶土，就能做出高高的瓶子。

有的陶器有耳朵和嘴巴，需要另外制作好，再用釉一个一个粘上去。

拼接

陶车一次性做不出太大的陶坯。如果想做很大的陶器，如缸，就先要做成上下两截陶坯，再把这两截拼在一起，最后用木槌在拼接处敲打结实，就成为一个完整的缸了。

烧窑

陶器大小不同，烧制它们的窑也不同。小陶器的窑如瓶窑，大陶器的窑如缸窑，一般建在斜坡上，连成一排，一窑比一窑高。窑顶多为圆拱形，上面还铺一层细土，每隔一段距离有一个透烟窗。烧窑的时候，从低向高烧，等火候够了，就关闭窑门，再烧下一个窑。

瓷器

做瓷坯

瓷器也是泥做的，只不过，这是一种特殊的白色黏土，叫高岭土。用高岭土做瓷坯时，可以使用模具，也可以使用陶车。如果想做香炉、瓷盒，一般会用模具；如果想做大小不一的盘子碗碟，一般会用陶车。

画画

瓷坯做好以后，把它晒得又干又白，然后蘸一下水，再把它放在陶车的盔帽上，用锋利的小刀给它“刮胡子”。刮光滑后，就可以在瓷坯上写字、画画了，然后喷上水再上釉。

景德镇白瓷天下闻名，它用的釉由泥浆和桃竹叶的灰调制，看起来像淘米水。

瓷坯内部上釉则需把釉水倒进瓷坯里晃一晃，再把一些釉水抹在瓷坯的边缘，就上好釉了。

将瓷坯在釉水里过一遍，使外部上釉。

烧制

上好釉后，把瓷坯装进粗泥做成的匣子里，就可以“送”它们入窑烧制了。瓷窑的窑顶有十几个小圆孔，先从窑门烧火大约 20 个小时，再从天窗丢柴火进去烧大约 4 个小时，火候够了，就不再烧了。

瓷器和陶器都来自泥土，但泥土种类不同，而且瓷器的烧制需要 1200℃以上高温，陶器只需要 800℃左右的温度就可以了。

珍珠

珍珠是海蚌等贝类动物分泌的含碳酸钙的矿物珠粒。在2亿年前，地球上已有珍珠。

草垫子的作用

漂亮的珍珠是怎么来的呢？它长在海蚌的身体里，想要得到珍珠，人们要乘船出海。采集珍珠的船比一般的船船型要圆一些。在船上准备草垫子，如果在海上遇到漩涡，就把草垫子扔到漩涡里，避免船只被卷进漩涡中。

采珠人

到了海上，采珠人会在腰间绑一根绳子，用一种弯弯曲曲的空管罩住嘴巴、鼻子，还要用罩子的软皮带包住耳朵、脖子，然后提着篮子潜入海里。船上的人拉着绳子，小心地观察动静。如果水下的采珠人感觉呼吸困难，就会晃动绳子，船上的人就会立刻把他拉上来。

下水采珠非常危险，采珠人经常遭到鲨鱼等海洋生物的袭击，也经常因为水压和呼吸问题而亡命。

秦汉时，由朝廷管理采珠人，百姓不准私自采珠。后来，民间有了采珠人，他们生活在海边，没有地种，只能“耕海采珠，以珠易米”。明孝宗时，强征8000采珠人去采珠，造成近680人死亡。

用竹耙采珠

人们扬帆远航后，把竹耙沉到海底去采集珍珠。但如果碰上沟壑纵横、礁石丛生的地方，耙海采珠就施展不开了。

明朝时，有一个官员为了珠户们的安全，想出了一个不需下海就能采珠的方法。就是做一个齿耙形的铁架，再用麻绳网兜套在架上，用木棍封住底部的网口，在架子两个角上绑石头，用绳子把架子绑在船上。当船前行时，网兜能自动在海底捞蚌。但有时网兜会被冲走，有时还会翻船。

宝石

下井

流光溢彩的宝石出自矿井。这些矿井很深，要到井下才能采到宝石。下井的人把长绳子绑在腰间，绳子另一头由井上的人拉着；他们腰间有口袋，发现宝石就放进口袋，一旦感觉身体不舒服了，就摇晃腰间的铃铛。井上的人听到后，会赶紧把他拉上去。

深井里缺氧，还弥漫着雾气，采宝人晕倒后，要给他喝水，数日内不能吃东西。

井底的宝石有红色和黄色的猫精石、琥珀，还有蓝色和绿色的瑟瑟珠和祖母绿，以及各种颜色的玫瑰宝石。

鉴别

刚采到的宝石看不出品种，要切开后，才能看到它们的“庐山真面目”。宝石有拳头大的，也有豆子那么小的。

玉

河中采玉

有的玉石“隐居”在湍急的河流中，直接捞取非常危险。夏天水位上涨时，玉石会被冲到水流平缓的中下游，这时人们才去开采。

玉被石头包裹，人们把含玉的石头称为璞玉，后来常用璞玉表示人的美好品质。

剖玉

打捞上来的璞玉，要去掉外面的石头，才能进行雕琢。用铁做一个能旋转的大圆盘，把一根木棍从中心横穿大转盘，在木棍上缠几圈绳子，绳子的两端连接踏板。当脚踩踏板时，木棍会带动大圆盘一起转动。一边踩踏板，一边添水和沙子，石头就会被剖开，露出里面的玉了。

用来磨玉的沙子十分细腻，就像面粉一样，叫解玉砂。

玉不琢不成器

取出玉以后，要请出镔（bīn）铁刀。镔铁刀可从砺石中得到，作为磨料，能把玉石雕琢成想要的样子。

竹纸

浸泡

竹纸是用竹子做成的，造纸前，先砍竹子。把竹子分成几段，在附近的平地上挖一个坑，把竹子放进去，灌水浸泡。把竹子泡 100 天后，取出来，用木棒敲打竹子，把竹子的粗壳和青皮洗掉，这就是杀青。

造竹纸选用的竹子是马上就要长出枝叶的嫩竹，芒种节气时的竹子刚刚好。

煮竹

杀青后的竹子，被称为竹穰（ráng），比较柔软。把石灰浆涂在上面，放在桶里煮上 8 天 8 夜；之后取出来，放到水塘里洗干净；再用柴灰浸透，放到锅里煮，铺上稻草灰；煮水沸后，淋上柴灰水，如此再煮十多天，竹子就腐烂了。

抄纸

把腐烂的竹子捣成竹浆，倒进抄纸槽。抄纸槽像一个放了清水的大抽屉，放入一种植物叶子做的药液，可以让纸变白。工匠们两手拿着竹丝编的抄纸帘，在抄纸槽里摇晃几下，竹纸就会铺在抄纸帘上了。拿起抄纸帘稍倾斜，水会流下去，把抄纸帘翻一下，把纸落在木板上。

纸的薄厚和摇晃抄纸帘的力气有关。如果是轻轻地摇晃，铺在帘上的纸张就薄；重一点摇晃，纸张就厚。

压水

刚刚捞出来的纸张带着很多水分，要帮纸张把“身体”里的水分去掉。用木板压在一摞湿纸上，捆上绳子再插进一根棍子，拉紧绳子时，就把水挤压出来了。

烘干

这时候的纸摸起来还是湿湿的，无法写字，要烘干纸张。可搭建一个大“烤箱”，就是用砖砌好两堵墙，形成一条小巷，在下面建火道。点燃柴火后，热度从火道传播，小巷的墙都被烧热了，这时就把纸一张一张地贴在砖墙上烘干。烘干后揭下来，就是能用的纸了。

北方的竹子少，人们会把废纸的朱墨和污秽洗去，浸泡后放入抄纸槽，重新造纸，其被称为“还魂纸”。

舟

漕船

漕船“背着”一个大大的房子，上面还有屋顶，船底就像地基，船身相当于墙壁。船头有开路的桨，船尾有指挥航行的舵。大一些的漕船有两根桅杆，桅杆上有竹片编织的风帆，风帆能升起，能折叠，十分方便。

漕船扬帆时，要有一个人坐在篷顶，掌握风帆和绳索。船行驶时，如果是顺风，就把风帆调到顶端，船就能跑得很快；如果是逆风，要减少帆叶。

我当时进京赶考就是坐船去的。

遮洋浅船

元末明初时，有一种运米的遮洋浅船。小的叫钻风船，像泥鳅一样灵活，也叫泥鳅船。遮洋浅船装有罗盘、腰舵，腰舵插进水里不转动，能保持船的平衡。

课船

在长江上，有一种小个子“课船”，官府常用它运输税银。课船虽然“苗条”，但是有十多个小舱，每个舱只够一个人睡觉。课船依靠划桨前行，但只有一个小桅帆，如果不遇逆风，一天一夜能顺水行驶200多公里。着急赶路的人，也会乘坐这种小快船。

浪船

江浙有一种浪船，能在布满深沟的曲折小溪行驶。很多人都喜欢乘坐这种船。浪船很小，却也有窗户和厅房。人和货物要保持船两边平衡，否则小船会倾斜，所以，这种船也叫“天平船”。

浪船的航程可达300多公里，它永远不能去水急浪大的长江上游。它的行驶不靠风帆，靠几个人摇橹，或人上岸拉纤。

车

四轮大车

陆地上行驶的车多用骡子或马牵拉，四轮大马车至少要用 8 匹马。马脖子上系着麻绳，收成两束，穿过横木，进入车厢的左右两侧。“司机”站在车厢高处，握着马鞭，看到哪匹马偷懒，就挥鞭打在它身上。如果马跑得太快，坐在车厢里的人就踩住缰绳，让马跑慢些。

古代的车都是木头轮子。四轮大马车前两个木轮和后两个木轮用轴连接在一起。

四轮大马车上载有柳条盘，解索后马就会就地补充能量了。

两轮车

两轮车有两个轮子，当马不再驾车时，因前后失衡，车子会向前倾斜，这时候需要用短木支撑，不像四轮车的车厢那样如房子一样安稳。

北方独轮车

在北方，有一种靠一个车轮就能行驶的车。不过，它需要驴帮着拉车，还需要人在后面推着走。车子上有拱形的顶棚，能挡风遮雨。这种车能坐两个人，但两个人要在两边对着坐，不然车子会因失去平衡而翻倒。

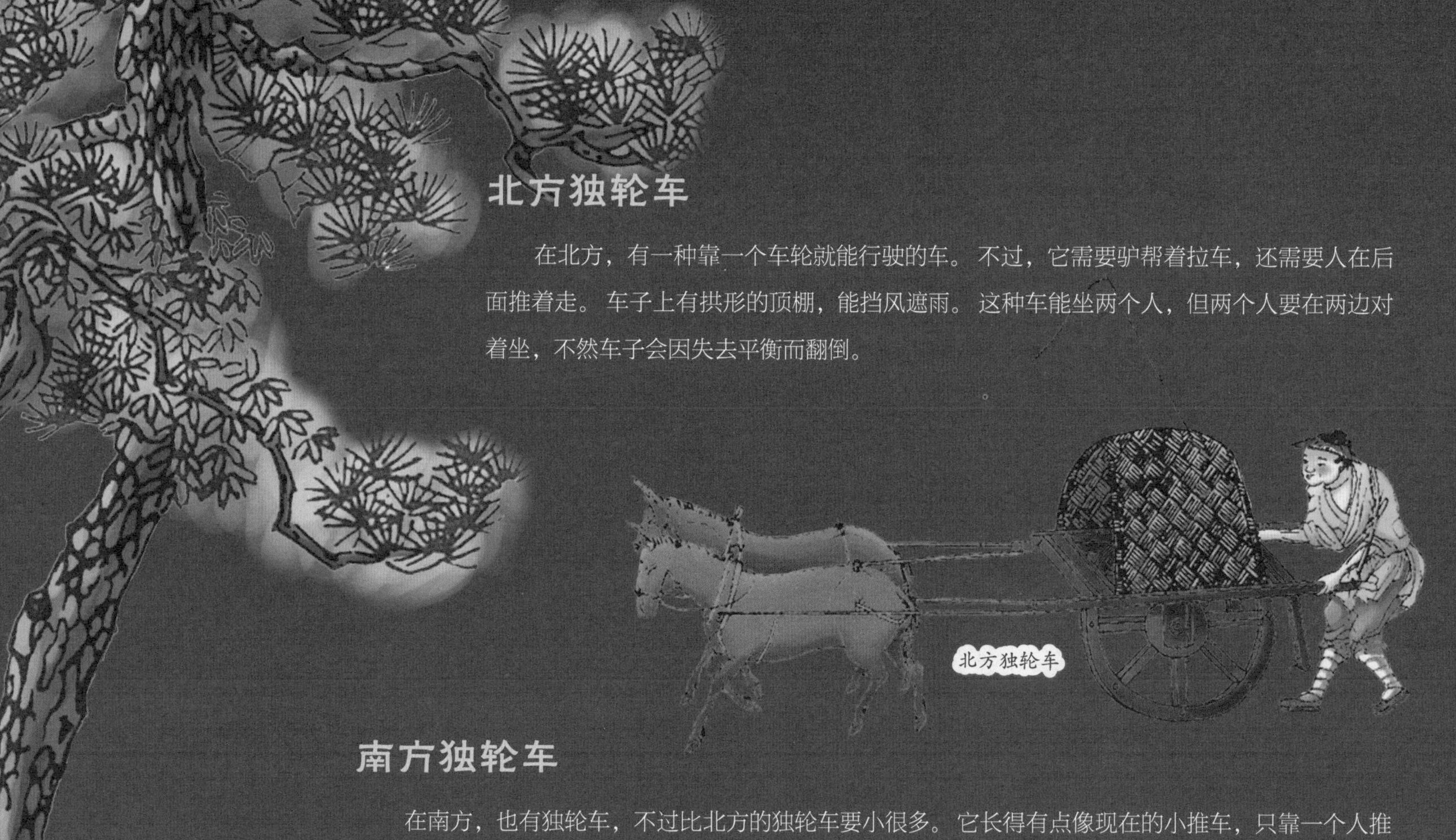
北方独轮车

南方独轮车

在南方，也有独轮车，不过比北方的独轮车要小很多。它长得有点像现在的小推车，只靠一个人推着走。小车能装载的东西比较少，路不平时，还很难通过，而且不能走太远。

南方独轮车

牛拉轿车

在河南一带，有一种牛拉的轿车。牛车的两旁各有两个轮子，中间的一条横轴架起几根横木，轿子就在横木的上面。这种车很平稳，把牛卸下，车也不会倾倒。

煤

井下采煤

煤是一种能燃烧的矿石，藏在很深的地下。刚挖到煤时，会有很多毒气，这时候先把一根凿通竹节的大竹筒插到煤井中，以排毒气。煤开采出来后，有明煤、碎煤和末煤。明煤是大块头，加一点木炭就能引燃；碎煤个头儿小，要先用水浇湿，鼓风后才能燃烧；末煤是粉末，人们把它做成煤饼，就可以用了。

挖煤时，煤矿容易坍塌，要用木板支撑顶壁。

硫黄

烧硫黄

硫黄是制作火药的成分之一。要想得到硫黄，可以用煤饼包住硫铁矿，把它们堆成小山丘，再用泥“披”上一件外衣，上面用烧硫黄的旧渣盖住，再在隆起的“脑袋”上开个小孔，罩一个盂钵，之后开始烧取硫黄。硫铁矿里的成分变成黄色的气体，从小孔里飘出来，遇到盂钵会冷却成液体，凝固后就变成了硫黄。

烧取皂矾

矾

明矾

想要得到矾，就要燃烧矾石。一层矾石一层煤饼堆积起来，然后点燃。等烧得差不多时，冷却入水，把水溶液煮沸，有物溢出，即明矾。

明矾是一种白色晶体，人们用它净水，给物品染色，入药。

皂矾

皂矾是美丽的蓝绿色。提取皂矾时，砌一个炉子，炉内放煤饼，用煤饼包裹煤炭外层的矿石，炉子外围一土墙。炉子的顶部留下小孔；从底部点燃炉子，火苗会时不时从顶部的小孔露出“脑袋”，炉火要烧 10 天才能熄灭，这时就可以收集皂矾了。

春夏炼皂矾时，炉子外的土墙吸附了带矾的蒸汽，天冷时会析出黄矾。胆矾在山崖洞穴里自然结晶而成，把烧红的铁器放在胆矾水里即呈铜色。

石灰

采石

石灰石一般藏在地下 1 米左右的地方，燃烧石灰石，能得到石灰。不过，在开采石灰石时，表面风化的石头就不能要了。

烧石灰

把煤饼和石灰石像建造堡垒一样堆几层，一层煤饼，一层石灰石堆垒，然后点燃柴火。火能把石灰石烧得发脆，然后就依靠风了，风会慢慢把它吹成粉末。如果急用，也可以给烧过的石灰石洒上水，石灰就散开了。

破损的船只和墙壁可以用石灰和水来修补。石灰成形后，遇水也不会坏。

蛎灰

牡蛎

牡蛎又叫生蚝，是海洋软体动物。经常“冲浪”的牡蛎们会被海浪送到海边，依附在石头上。它们簇拥在一起，形成假山一样的“蚝房”。人们拿着锥子和锤子把它们凿下来，凿开后吃掉鲜美的牡蛎肉，留下壳子还有大用。

砒石

像泥不是泥

砒石看起来很像泥土，但比泥土要硬实。它们一般位于不算很深的地下，挖 1 米左右就能找到。不过，在砒井里，常有绿色的脏水，采石时要把水排干净。

烧砒石

把砒石燃烧后，就能得到砒霜了。先在地下挖一个土窑，上面搭一个呈弧形的烟囱，烟囱上倒扣一口铁锅。把砒石堆在窑里燃烧，从烟囱里冒出来的烟就厚厚地贴在铁锅内。多烧几次，就可以把锅拿下来打碎，剥下铁锅上粘满的砒霜了。

砒霜剧毒，人吃一点就会死亡，但其有药用价值，最早用于治疗肺结核等的辅助药物。

金和银

采金

金灿灿的黄金是从哪里来的呢？有的是从山上开采的，也有从水中沙子里淘的。在山上采金时，要凿几十米深的坑，当看到伴金石的时候，就找到黄金啦。伴金石是褐色的，它的一端像是被火烧黑了一样，可以用来冶炼金块。

在江河沙子中淘金非常不易，可能要淘几百上千次，才能获得一块黄金。

采银

白银藏在哪里呢？银矿一般藏在山上。有些山上有一些微褐色的小石头，石头里面可能藏着银矿。银矿藏得特别深，喜欢玩“捉迷藏”，像树杈一样分布着“躲”起来，需要人们分头行动，各自挖到很深的地方才可能找到。银矿中，含银比较多的是礁，细碎一些的叫砂，它们都能炼出银。

挖银矿时，需要用到木板、灯笼。用木板支撑起山洞，才不会塌方；用灯笼来照明，才能看到藏得深的银矿石。

古时第一次炼出来的银，为生银，还要再去熔炼，一直炼到中心出现一点圆星，这时加入铜，再次熔炼，才算可以了。

炼银

在炼银之前，先把礁砂洗干净，这样炼出来的银纯度才更高。炼银炉是个大家伙，用土筑成，差不多有 1.6 米高。在炉子下面，是燃烧的木炭，炉旁有一堵砖墙，墙后面装有风箱。火炉燃烧时非常热，人躲在墙后拉动风箱，还要用一个很长的铁叉来添加炭火。礁砂熔化成团，但这还不是银子。

分金

银矿石熔化时，混在银里面的铅还没被分离出去，这时就要用到蛤蟆炉了。等熔炼出的银矿石冷却后，把它们放进蛤蟆炉里。蛤蟆炉有个小门，可通过它辨别火色及湿度。当到达一定温度时，铅就被“分”到炉底去了，这时就得到了纯银。

银锭

如果想把碎银子铸成精纯的大银锭，可以把碎银子和硝石放进坩埚，用猛火熔炼。这样一来，碎银中的铜和铅就沉到锅底了。再把它们送进分金炉，就有了更纯的银，就可以用来造银锭了。

铜

铜矿

铜矿很常见，它被岩土包裹着，挖十几米深就能见到。铜矿有大有小，矿石的光泽也不一样，要把掺杂的泥沙洗干净，才能放进炉子里熔炼。

熔炼铜矿石得到的是红铜，想要得到其他颜色的铜，要加入其他物质一起熔炼。

炼铜

炼铜炉的上面和下面有两个小孔。夹杂在铜里的铅熔点很低，它会先熔化，从上面的小孔里流出来。铜熔点高，后熔化，从下面的小孔流出来。

把炉甘石放进泥罐，熔炼后能得到倭铅，即锌。锌很“喜欢”铜，如果不和铜结合，一见火就风化成烟消失了。

铅

铅矿

产铅矿的山更多，有的铅矿和银矿或铜矿“住”在一起，组成银铅矿、铜铅矿；有的铅喜欢“独居”，它们就是纯铅矿。喜欢“组团群居”的铅，在熔炼时，先要提取掺杂在里面的银和铜。

把铅磨成铅粉，就是一种白色颜料。古人用它来画画，还能抹脸增白，但铅容易氧化，从而让画易褪色。铅也含有一定毒性，含铅化妆品对人体有害。

铁

铁矿

平坦向阳的山上，容易找到铁矿石。露在外面的铁矿石直接捡起来就可以了，藏得深一些的铁矿石，可以劳驾牛翻土，以便寻找。

炼铁

把铁矿石洗净后，交给炼铁炉。炼铁时，熔化的铁水会从熔炉下面的小孔流出来，进入模具。模具里的是生铁。让铁水继续流进方塘，并撒上泥粉，就得到了柔软的熟铁。

古代所说的“熟铁”与现代意义上的“熟铁”还不太一样。我们现在所说的生铁的含碳量高于 2%，熟铁则小于 0.1%。古时常把生铁和熟铁混合在一起熔炼锤打，还可以得到钢。

锡 水陆两“锡”

锡能在山上被找到，也能在水里被找到。山上的锡，有葫芦一样大的，也有豆子一样小的，挖穴土不太深就能找到。在山上有用许多根竹筒接连成水管子来淘洗的。水里的锡附着杂物黑黑的，还很细碎，在水里淘到它们很不容易。

炼锡

把锡矿石放进熔炉，如果火候到了，锡却不熔化，就要“喂”它一点铅了。有了铅，锡会乖乖地熔化，从炉子下面的小孔里流出来。

造钟

做内模

钟是一种敲击乐器，有的钟声在5000米之内都能听到。有的钟上万斤重，铸造这样的钟要先挖一个3米多深的大坑。把石灰、细沙和黏土和在一起，倒进坑里，用来做大钟的内模。

做外模

铸钟时，铜是“上等”原料，铁是“下等”原料。

内模干燥后，用牛黄和黄蜡厚厚地涂上保护膜。涂好后，就能在上面雕刻精美的图案，并刻上字了。再用很细的泥粉和炭粉和成糊，涂在油蜡层上，作为外模。

灌铜水

外模干燥后，用火去烤，这时，内外模之间的油蜡就会熔化，并且从开口处流出来。把铜水倒进中间空了的地方，冷却后，大钟就铸好了。

铸钟很费铜料，古人会在钟模附近，建造熔炉和凹槽，使熔化的铜水顺着凹槽，直接流进钟模里。

烧铸小铜钟

造小钟

如果想铸造小一些的钟，就要造十几个小熔炉，在熔炉下面穿插两条横木。人们鼓风熔炼铜，等铜熔化后，抬起炉子，把铜水倒进钟模里，就可以了。

浇铜水时，速度要快，不然，上一炉的铜水凝固了，再浇新的铜水，凝固时间相差太多做出来的钟会有裂痕。

听说过“钟鸣鼎食”这个成语吧？在古代，由铜铸造的钟和鼎，是贵族使用的乐器和餐具。贵族吃饭时，会令人击打钟乐，用鼎盛放食物，这就是“钟鸣鼎食”，后人用来形容富贵豪华。

造锅

做锅模

每一天，烧水煮饭都离不开锅。锅的模子也有内外两层，铸模时，先造内模，等内模干燥后，根据锅的尺寸再造外模。

灌铁水

生铁或者废弃的铁器，是造锅的主要原料。把它们放进熔铁炉，熔化的铁水会从炉嘴小口流出来。用糊着泥的带手柄的铁勺接铁水，灌进锅模，一口锅就浇铸好了。在锅身还通红时，揭开外模查看有无裂缝，可以补充铁水修补锅的裂痕，并用湿草片按平。

辨别一口锅的好坏，可以用小木棒敲打它。如果响声沉实，就说明是好锅。

造镜子

铸镜

先取糠灰和细沙，做成镜子的模子；把铜和锡的合金熔化，灌进模子里；等到冷却后，就得到了镜子。这时候的镜子还不能反光照人，还要镀一层水银。

银和铜混合铸成的镜子，如果镜面上有红色的斑点，应是其中夹杂的金银发出来的。
铜镜用久了会生锈，人们会用水银和锡粉调和成研磨粉来磨镜子，使铜镜恢复光亮。

造钱

模具

用四根木条做一个框架，把细泥粉和炭灰混合后填满木框；撒一些杉木或柳木的炭灰，再把用锡刻的钱模排列在上面；把另一个同样填满的木框盖在上面，钱币的正反面就都有了。

铸造钱币前，多做几套放了钱模的木框，可以把它们捆在一起，方便浇铸。

浇模

把铜放进熔罐，然后放进大火炉里熔化，然后加入锌。等它们都熔化后，就用铁钳子把熔罐从炉子里取出来，一个人帮忙夹住熔罐的下面，两个人一起把铜水倒进木框架上的铜孔，浇铸于钱模里。

锉磨

铜水冷却后，打开装有钱模的木框架，密密麻麻的铜钱就造好了。把铜钱一个个分开，像穿糖葫芦一样用竹木条穿起来，然后用锉子磨边，再一个个地锉磨钱币不平整的地方。

钱币中间有一个方孔，套在竹木条上使钱币不会转动，方便锉磨。钱币边沿是圆的，寓意天圆地方。

锻铁

打铁

很多铁器都是熟铁做的。把生铁放在火炉里加热，反复地锤打，挤出多余的碳，就能把生铁变成熟铁了，这个过程叫锻铁。

锻铁时，鼓风工具能让炉火烧得更旺。古代有用皮囊鼓风的，也有用活塞式木箱鼓风的。

刀斧

铁制兵器中，薄的叫刀剑，厚的是斧头或砍刀。把铁烧红后反复锤打，然后立刻入水淬火、回火，使刀斧更加坚硬。

斧头中间装木柄的小洞，是用烧红的铁包住冷铁棍敲打而成的。

锥子

尖尖的锥子，是用熟铁锤锻而成的。锥子能装订书刊，能穿透皮革，能在木板上钻孔，还能打穿铜片。

战国时期谋略家苏秦，为了读书时不打瞌睡，用锥子刺自己的大腿，这就是“锥刺股”的故事。

锄头

在开垦土地和种植庄稼时，锄头是不可缺少的“干将”。锻造时，先用熟铁锻打出锄头的形状，再淋上一些生铁水；把铁器烧红，放到冷水中淬火，就得到了坚硬又有韧性的锄头。

生铁水加少了，会使锄头不够坚硬；生铁水加多了，又会使锄头太硬，容易折断。

绣花针

一根小针的诞生，别有奇巧。先把铁片锤打成细细的铁条，再准备一个钻出小孔的铁尺；把铁条穿在铁尺的小孔上拉出来，铁条就被拉成了一条线；再把铁线剪成一段一段的，每一段就是一根针；把针的一头挫成尖尖的，再把另一头砸扁，用钢锥钻个针眼，绣花针的造型就弄好了。

把绣花针放入火炉中用慢火炒一炒，再用泥粉、松木、豆豉把针盖起来。炉子外面留两三根针，以观火候。当它们能捻成粉时，就往炉子里放入凉水冷却里面的针，使针更坚硬。

船锚

当船不好停泊时，就抛下船锚，使船停稳。大船的船锚有上千斤重。在锻造船锚时，先要锤出四个小爪子，再把四个铁爪安在锚身上。

锻造大船的船锚要先搭一个木棚。人们站在棚上，一起拉动套着锚身的铁链，把锚吊起来，让它可以转动，棚下的人就可以把四个爪子锤在锚上了。

锉刀

锉刀可以把器物打磨平整，因为它有很多“小牙齿”。在淬火前，锉刀还比较软，这时候可以用硬钢在锉刀上划出一排排“牙齿”；之后，把锉刀烧红，稍冷却后入水，锉刀就做好了。

锯

把熟铁锻打成薄条，稍冷却后用锤子反复敲打，再用锉刀刻上一排“小牙齿”，就得到了锯片。

锻铜

响铜和锣

把铜和锡按一定比例混合，能得到一种铜——响铜。响铜适合制造乐器锣。制锣时，先把响铜熔成一团，铺在地上，趁热敲打成型。在铜锣的中心打出一个凸起的圆顶，接着用冷锤反复锤打确定薄厚来敲定音色。

为什么要用冷锤敲打？刚成型的铜锣击打时只有闷响，用冷锤敲打，让锣薄厚弹性适合，使敲打它时产生共频共振，会让它发出类似弦乐的声音，这就是“一锤定音”。

冷兵器

弓箭

拉开弓，锋利的箭就射了出去。那么，弓是怎么造出来的呢？先削一根竹木，用胶水粘上薄片状的牛角做成弓臂；取牛筋贴于弓臂外侧做成弓弦；放到屋梁的高处，在地面生火烘烤；等胶液干后，拿下来磨光；用胶粘上牛筋，涂上漆，并用丝线缠紧弓使之牢固，弓就做好了。弓怕潮湿，存放时要经常用火烘烤。箭则由箭头、箭杆和箭羽组成。

牛的脊骨里有一根又细又长的筋，取出牛筋，用水浸泡，撕成丝状纤维，就是弓箭的弦。

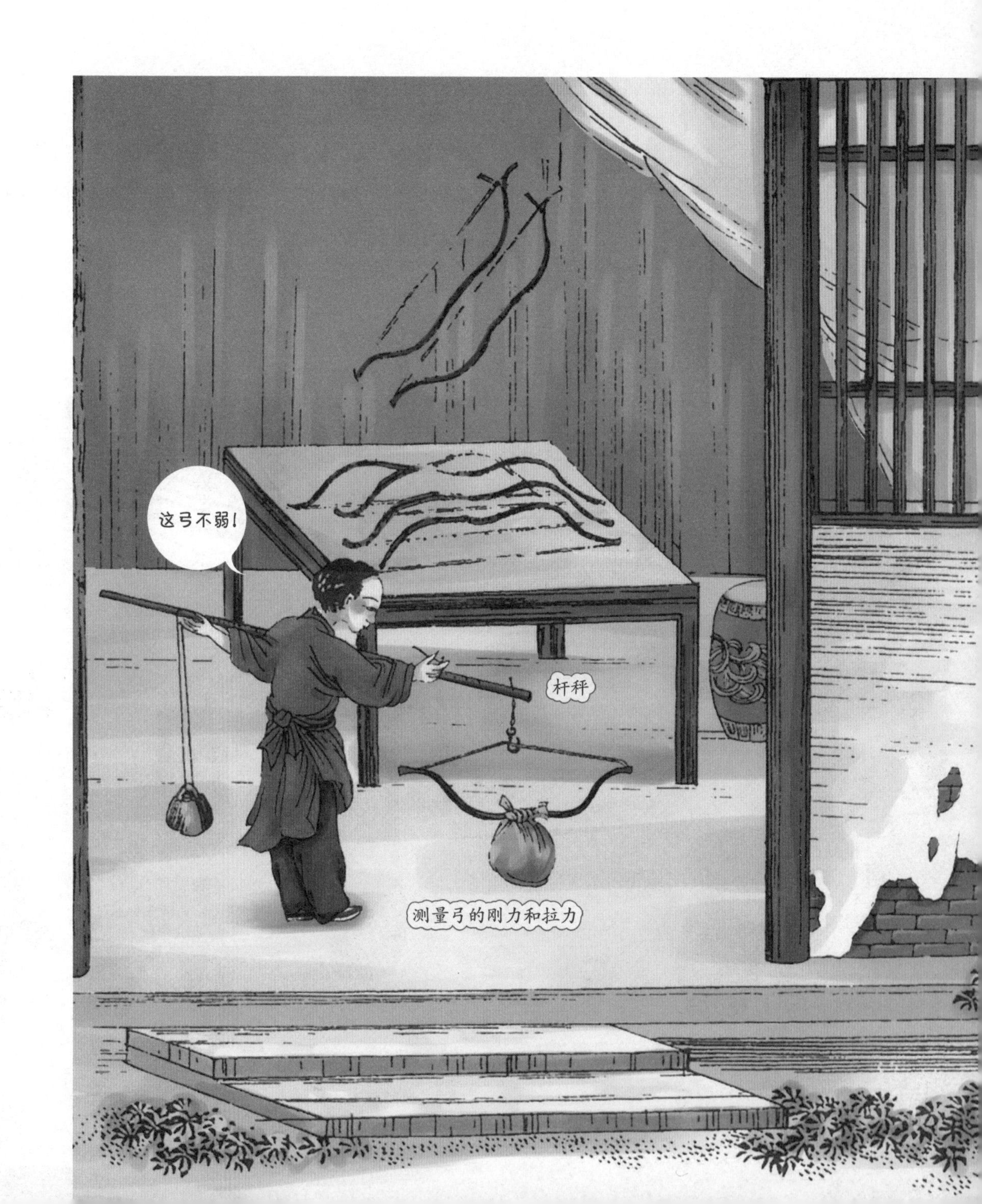

弓要弯，箭要直。有的木箭会变弯，这时要在木头上刻一条笔直的槽，把木箭从槽里拉过去，就把箭“掰”直了。
刻槽

弩

弩比箭射得快、射得深，但射程近。它是十字形，弩面上有一条直槽，可以放箭。弩的后面有扣弦，旁边有活动扳机，推动扳机箭就射了出去。

明朝有一种弩，能同时发出2~3支箭；还有一种诸葛弩，能装10支箭，扣动扳机，箭雨纷飞。

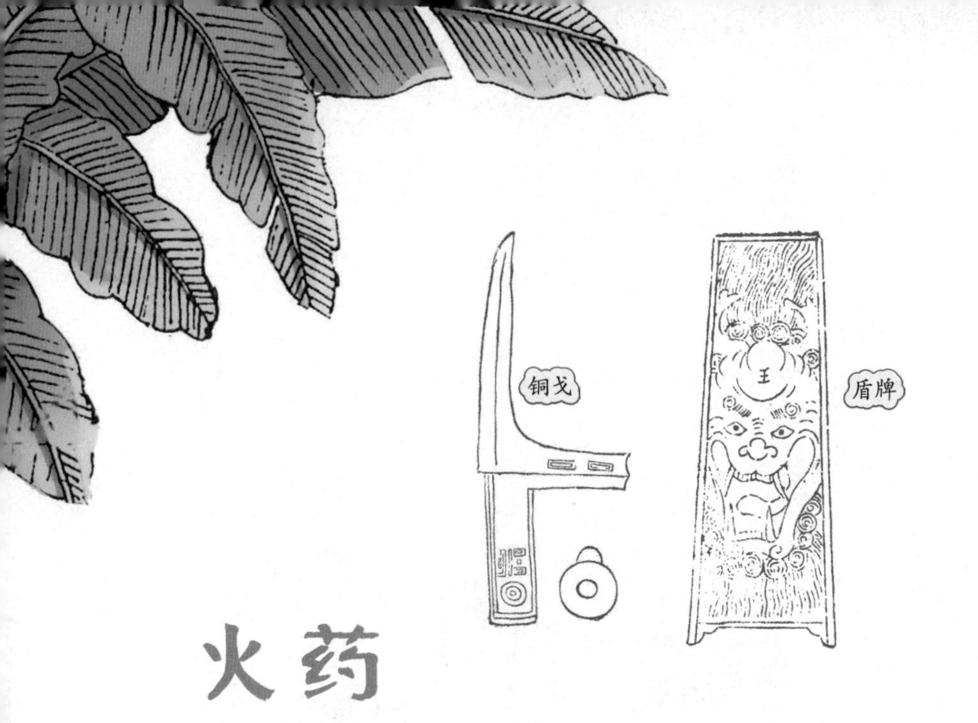

干戈

干戈是最古老的兵器，“干”指的是挡箭的盾牌，“戈”指的是进攻的长矛或戟。打仗时，步兵右手握戈，左手拿干，干戈经常“搭档”。

人们用“干戈”指代兵器和战争，成语“大动干戈”就是大规模发动战争的意思，也指兴师动众、大张声势做事。

火药

硝石和硫黄

硝石和硫黄是一对脾气火暴的“好朋友”，把它们混在一起，会发生爆炸。开采出来的硝还不纯净，初次提纯后，如果结晶杂质多，就把它和萝卜一起煮熟，放一个夜晚，就能析出造火药的硝。

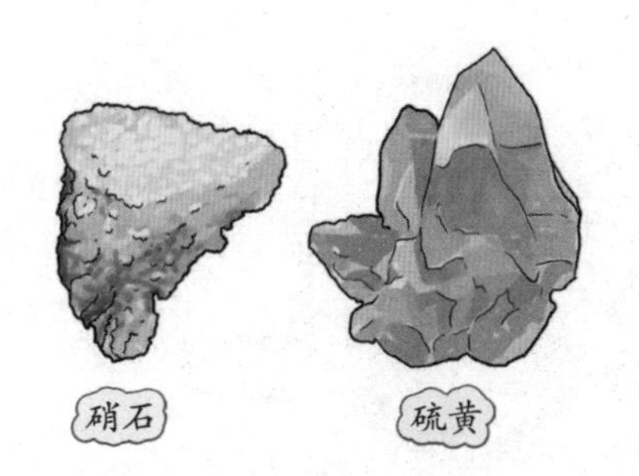

硝石的纵向爆发力强，所以多用于射击的火器；硫黄的横向爆发力强，所以多用于爆破的火药。

火药是中国古代四大发明之一。在很久以前，炼丹师在炼丹时发生爆炸，由此发明了火药。

火器

炮

炮是很“凶猛”的大家伙，用熟铜铸成，圆圆的身子就像一个大铜鼓。炮的威力大，开炮时有很强的后坐力，人们便用墙顶住炮。炮声响后，被击中的目标会被炸得粉碎，就连抵着炮的墙都会崩塌。

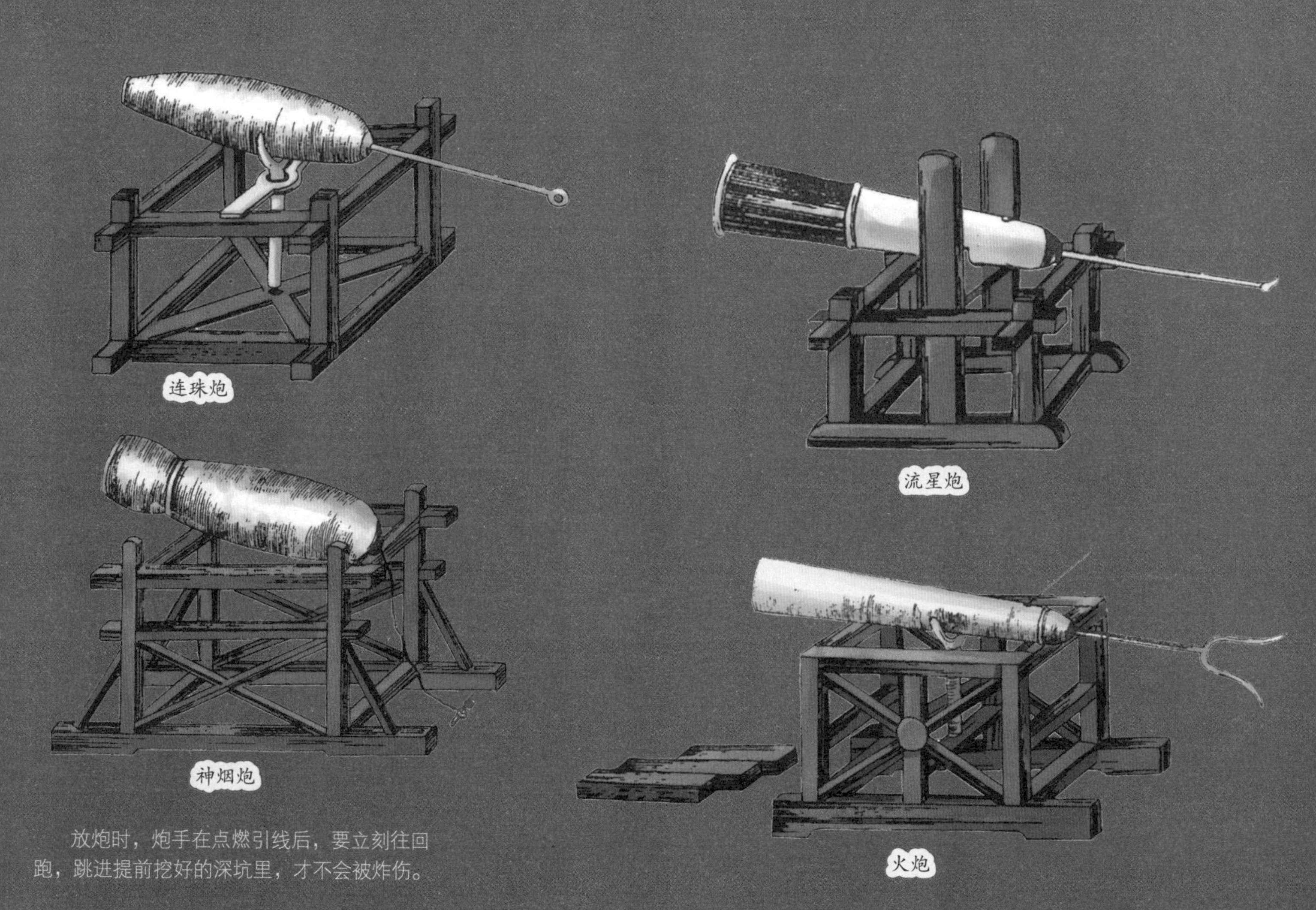

放炮时，炮手在点燃引线后，要立刻往回跑，跳进提前挖好的深坑里，才不会被炸伤。

地雷

地雷埋藏在地下，用竹管拉出引线，等敌人经过时就点燃引线，地雷里的火药就能爆炸冲开泥土，把地面上的人和物炸裂。

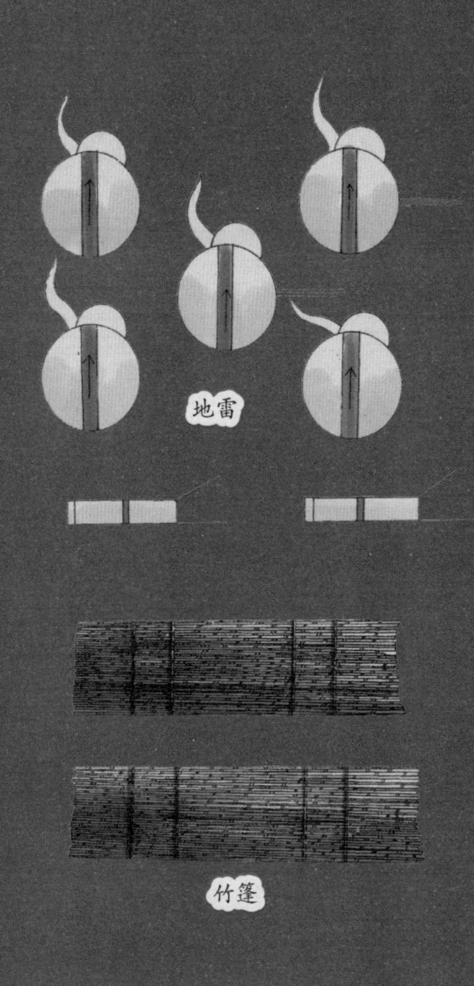

水雷

有一种火器很笨重，但在水里也能爆炸，这就是水雷。水雷是用皮囊把火药包起来，再用漆密封好，沉入水底，在岸上连着一条引索；拉动引索，皮囊里的火镰和火石相互碰撞，就会引燃火药，敌船要是碰到它，就会被炸坏。

混江龙爆炸

鸟铳

鸟铳（chòng）长得像现在的步枪，由铁枪管和木托组成。把火药和铅铁弹子装进铁枪管，铁枪管则安在木托上方便手握。制造鸟铳时，用烧红的铁块包住一根筷子粗的铁条，然后锤打铁块成枪管；再把筷子一样粗的四棱钢锥插进枪管里摩擦，把枪管的内壁磨得光滑，以免卡子弹。

鸟铳在 30 步之内威力大，如果超过 100 步，火力就不够了。

鸟铳射击

万人敌

没有炮的小城，如果遇到敌军来犯，就需要“万人敌”来帮着守城。它是种大型武器。当敌军攻城时，就点燃引信，把它扔到城下，它就会爆炸、四面喷射，并向四面八方滚动，有巨大的破坏力。

怅惘的仕途

种地、养蚕、采盐、采珠、冶炼、铸造……无论是农业，还是手工业，宋应星都细致地把它们写进了《天工开物》。他不仅没有因此误了工作，还在教谕的职位上有所成就，后来被提拔到了福建去当官。福建邻海，有海盗煽动百姓暴动，宋应星下令镇压，但不久暴乱又起，他甚至孤身深入敌营劝说，最终平息暴乱。朝廷不满，认为他未能一次处理好暴乱，宋应星也因此辞官回乡。

不久，李自成起义，反抗朝廷，各地的农民纷纷响应。就连宋应星的同乡也跑去加入。宋应星看到四处战乱，满目疮痍，便用自己的全部家产招募义勇军平息叛乱。朝廷任命他为亳州知州，这是他一生中最高的官职。但当时的亳州已被李自成攻破，一片凋敝。宋应星极力想重建亳州，奈何大明王朝大势已去，自己心有余而力不足，只得怅然归乡了。

亡国之恨，亡兄之痛

起义军攻入北京时，崇祯皇帝上吊殉国，明朝灭亡了。此后不久，清兵入关，入主紫禁城。消息传来，宋应星悲不自胜，肝肠寸断。有政权邀请宋应星出仕做官，宋应星断然拒绝了。他的很多朋友也都拒绝了诏书，不肯为之效命。一些有理想、有气节的文人也已奔赴战场，以身殉国，这让宋应星感到悲愤、痛楚。

宋应星的哥哥宋应升在明亡后也毅然返乡。宋应升把家产全部捐献给军队，但已然回天乏力。他心力交瘁，经常感到眩晕，还曾打算跳崖殉国，但大雪封山，未能如愿。他把心中的慷慨激昂、悲怆激愤写进诗文，并在祖宗牌位前喃喃自诉，在万念俱灰中，最终服毒自尽。宋应星眼见哥哥含恨而终，痛不欲生。

先生遗迹，山高水长

国家灭亡，亲人离世，好友战死，这些让宋应星倍感孤独和痛苦。他总是捧着哥哥留下的绝笔诗文，久久不肯放下。在痛不欲生中，他选择了归隐山林。在隐居的日子里，他的好友正编撰一本地方志，记录当地杰出人物，他邀请宋应星写一篇关于他哥哥的传记。宋应星悲喜交集，立刻动笔。地方志编完不久后，宋应星便饱含遗憾和悲恨与世长辞了。

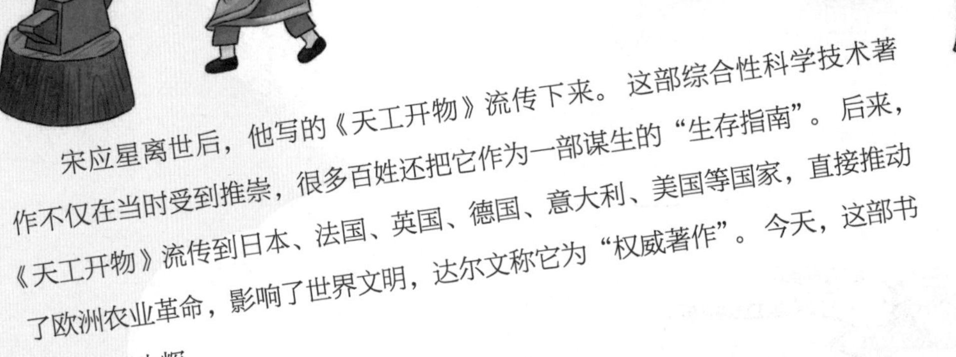

宋应星离世后，他写的《天工开物》流传下来。这部综合性科学技术著作不仅在当时受到推崇，很多百姓还把它作为一部谋生的“生存指南”。后来，《天工开物》流传到日本、法国、英国、德国、意大利、美国等国家，直接推动了欧洲农业革命，影响了世界文明，达尔文称它为“权威著作”。今天，这部书依然熠熠生辉。

顺治年间，朝廷发现《天工开物》中有“北虏”“夷狄”等字样，这些词是指满清，以及明朝将士用火器攻击满清士兵的插图，便禁止此书再版。日本等国则大量刊印，学习里面的技术。

图书在版编目（CIP）数据

呀！天工开物 /（明）宋应星著 ；文小通编著
. —北京 ：文化发展出版社，2024.6
ISBN 978-7-5142-4352-9

Ⅰ. ①呀… Ⅱ. ①宋… ②文… Ⅲ. ①《天工开物》-
儿童读物 Ⅳ. ①N092-49

中国国家版本馆 CIP 数据核字（2024）第 103707 号

呀！天工开物

著　　者：〔明〕宋应星　　编　　著：文小通

出 版 人：宋　娜　　责任编辑：肖润征　刘　洋
责任校对：岳智勇　　责任印制：杨　骏
特约编辑：鲍志娇　　封面设计：李果果
出版发行：文化发展出版社（北京市翠微路2号 邮编：100036）
网　　址：www.wenhuafazhan.com
经　　销：全国新华书店
印　　刷：河北朗祥印刷有限公司

开　　本：787mm×1092mm　1/16
字　　数：95千字
印　　张：7
版　　次：2024年6月第1版
印　　次：2024年6月第1次印刷

定　　价：68.00元
I S B N：978-7-5142-4352-9

◆ 如有印装质量问题，请电话联系：010-68567015